U0378625

一个人的家

[日]筱原聪子 著
一文 译

吃饭睡觉居住的地方

家的故事

清华大学出版社
北 京

大家庭的家与一个人的家

不久以前，家还是容纳家庭的器皿，而如今，在东京都中心地带，有将近一半人都是自己一个人住。

如果不以大家庭为前提，应该怎样思考住宅呢？

说起一个人住的家，首先会让人想到一室户公寓。这样的公寓里配有厨房和浴室，不必像住在古代木结构的房子里那样与他人共用设施，所以非常方便舒适。不过，这样的建筑在我看来似乎有些寂寞。什么都很方便舒适的家，或许就是这样寂寞的。

这本书的主角，是我曾经设计的一室户公寓“柯尔特”。我想把柯尔特改造一下，让它变成能让独自生活变得快乐的“一个人的家”。

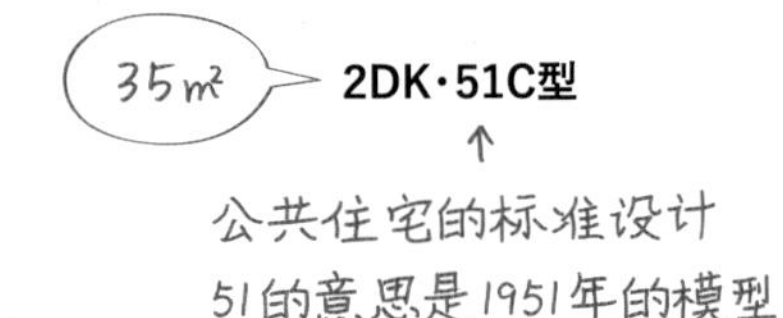

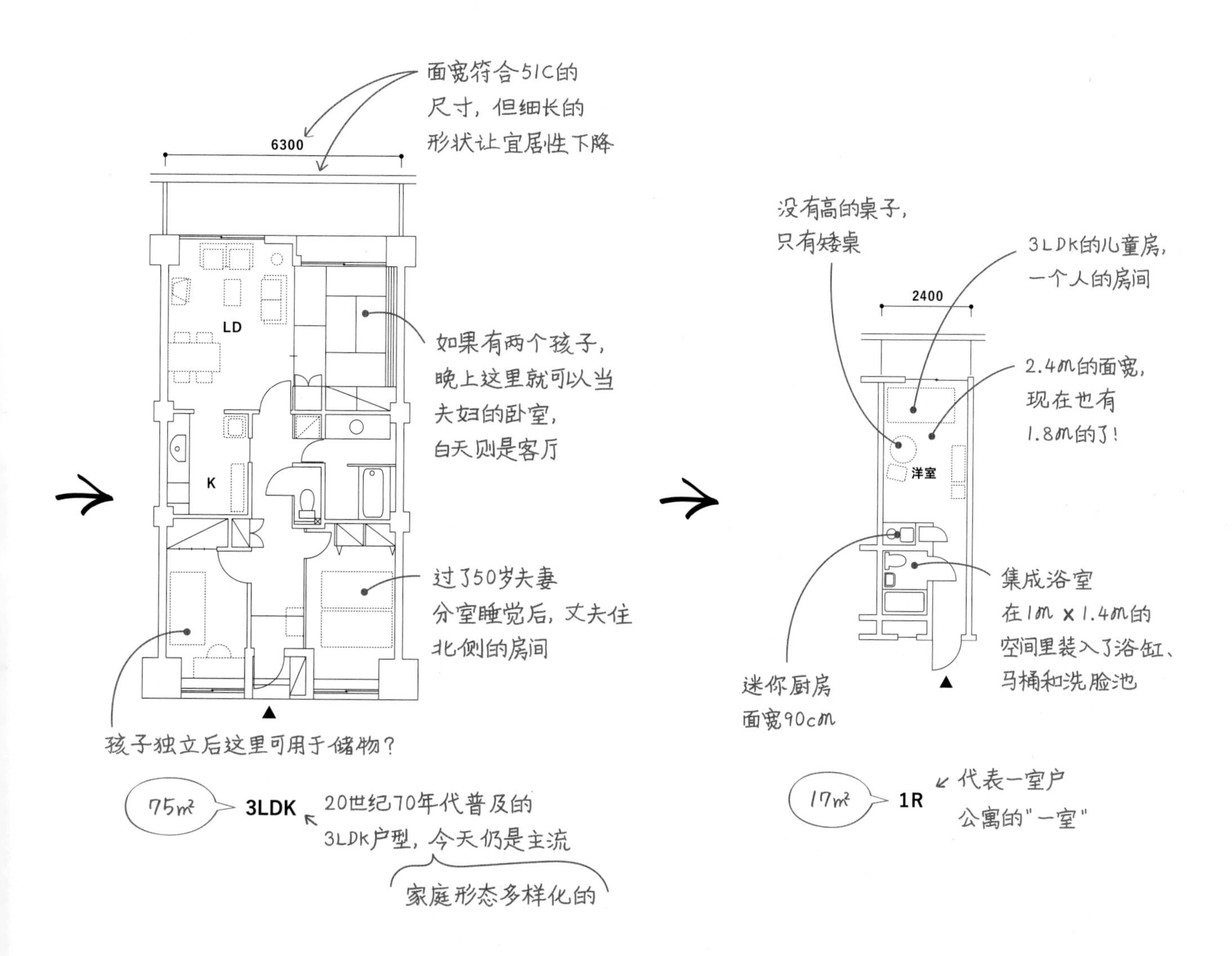

HOUSE for a family and HOUSE for an individual

2DK from 1950s or 3LDK from 1970s were both designed for families. So called ONE-ROOM MANSION, built in 1980s for single people, were complete dwelling units, with very small kitchen and modular bath. However, they were far from what we call HOUSING. Today, given the state that half of the householders in the city are about to be singles, I would like to propose a house for a more agreeable single life.

寂寞的柯尔特

1994 年，在父亲去世后留给我的地皮上，我尝试设计了自己的第一个集合住宅。这就是柯尔特。那会儿正赶上一室户公寓兴建的热潮。这类集约化住宅通常都是在昏暗的走廊上并排设置着一户户人家，仿佛大家都背对着背，令人感觉寂寥。

因此，我设计的柯尔特是两栋楼之间夹着一个中庭，我想让大家都面对着面生活。只可惜，当人们住进来以后，依然还是紧闭着各家的门，所以中庭总是冷冷清清的。

某年春天，柯尔特里一个住户都没有了。原本这里是跟某个建筑公司签下来当宿舍的，受经济不景气的影响，合约解除了。

生锈的楼梯与褪色的外墙，空空荡荡的柯尔特看上去就像一个失魂落魄的人。

我要把柯尔特改造成一个不寂寞的家。

当我在绞尽脑汁想办法的时候，突然想起裕子的长屋。

这个房间特别明亮，
曾经被当作会议室使用

这里没有普通的走廊，
而是用铁廊桥将住户
联结起来

邮箱在后面，
因为我不想把它
放在楼的正前方

二段式机械
停车场已经生锈，
动不了了

柯尔特：当时15岁
4层楼的钢筋混凝土建筑
每户17㎡，共有22户

中庭 ＝ 采光 ＋ 安全通道
＋（计划中的）社交空间

CORTE is a one-room apartment I designed in 1994. It had a plan with a courtyard for the residents to communicate with one another, but the blinds of the windows facing the court were always closed and the garden remained drab. So I decided to improve CORTE into a collective house where the residents can enjoy their single life.

个体的家与集体的房间

裕子的家在京都一条小巷的尽头，是座长屋。裕子和丈夫长尾都是学者，每天生活在书山之间。于是，裕子退休后，买下了隔壁的房子，增建了书库和自己的工作室。而在原本住的长屋里，他们将长尾的工作室扩大，并将隔壁的长屋改建成了原本住得很远的女儿麦子的画廊兼旅店。

三座独立的个人的家连接在一起，这是多么不可思议的组合。每个家中都有各种不同功能的房间。将个体的家聚集在一起，就能拥有各种不同功能的房间。

儿子陆雄的钢琴

时不时会有学生或朋友聚集在这里开研讨会、餐会

三座个体的住宅连在一起的不可思议的家

仍保留过去构件的麦子的家

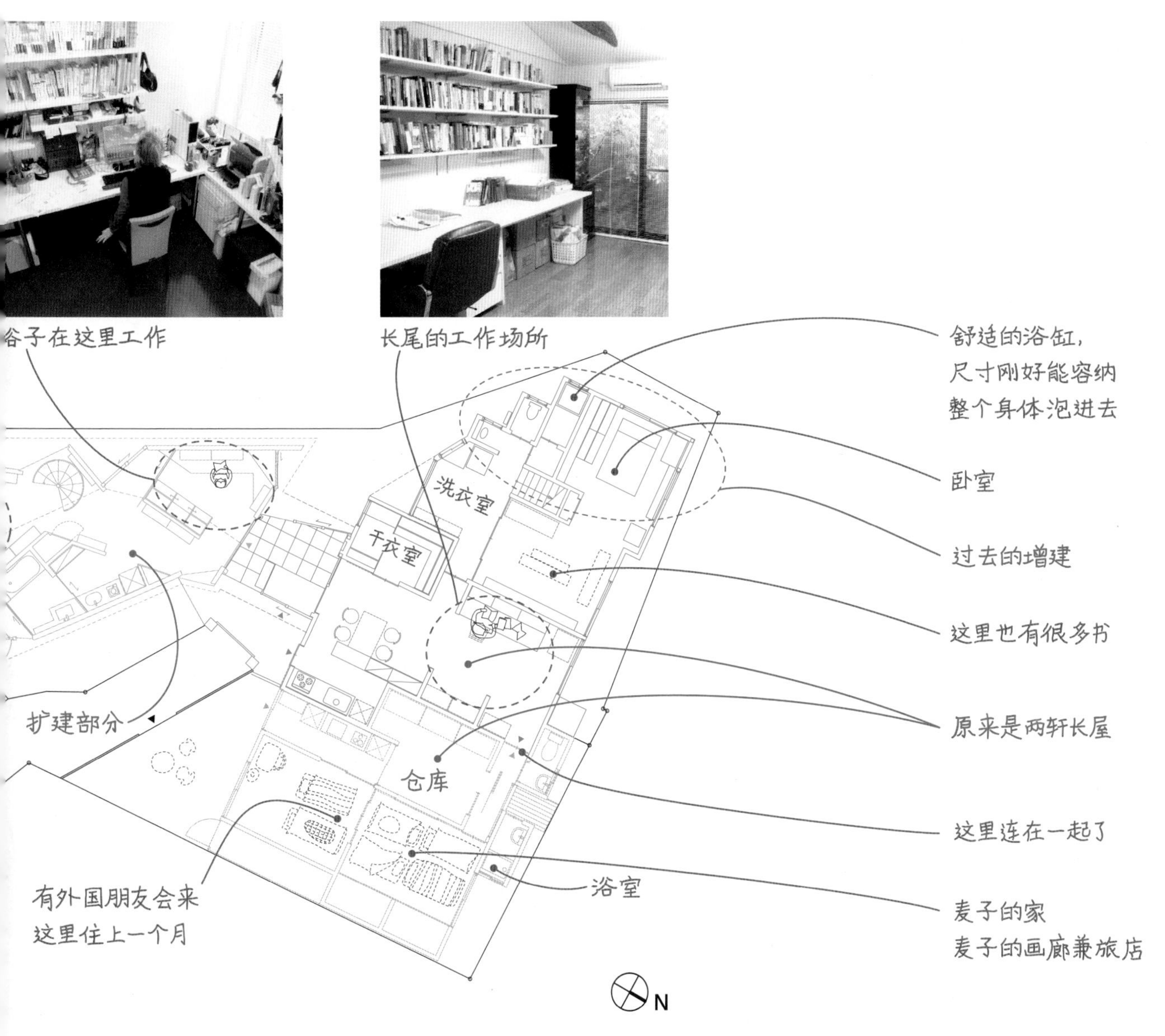

Sometime ago we repaired Yuko's old row house and enlarged it. We outfitted a study for Yuko in the newly built library, another study in the repaired house for Nagao, her husband, and one more study in the adjoining row house. It ended up as a curious plan of three houses. In each house we made a space for different purposes, such as a meeting room, dining room, and a gallery that can also be a guest room.

柯尔特改建

我希望柯尔特也能成为像裕子家那样开心快乐的地方，但在此之前，柯尔特马上就要满 15 岁了，很多地方都亟待修缮，修缮的费用自然也不菲。

因此，在必要的修缮工程之外，每家每户的改造都必须尽可能从简，大家能共用的东西，就不再个别设置了。“共用”也是住在一起的一个优势，或许能从中诞生别样的乐趣。

CORTE is a 15 year-old building and it costs a lot of money to repair. Therefore, we kept the raising of the specs to a minimum, and decided to make some facilities to be used in common, including the laundry. As a result, three dwelling units became common spaces.

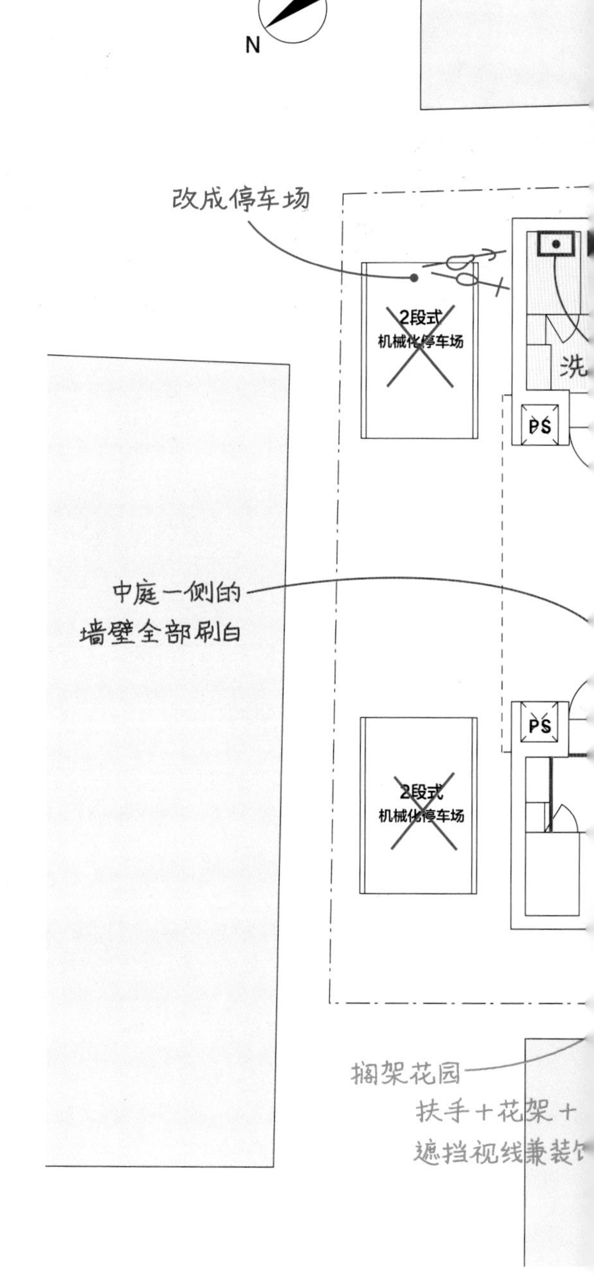

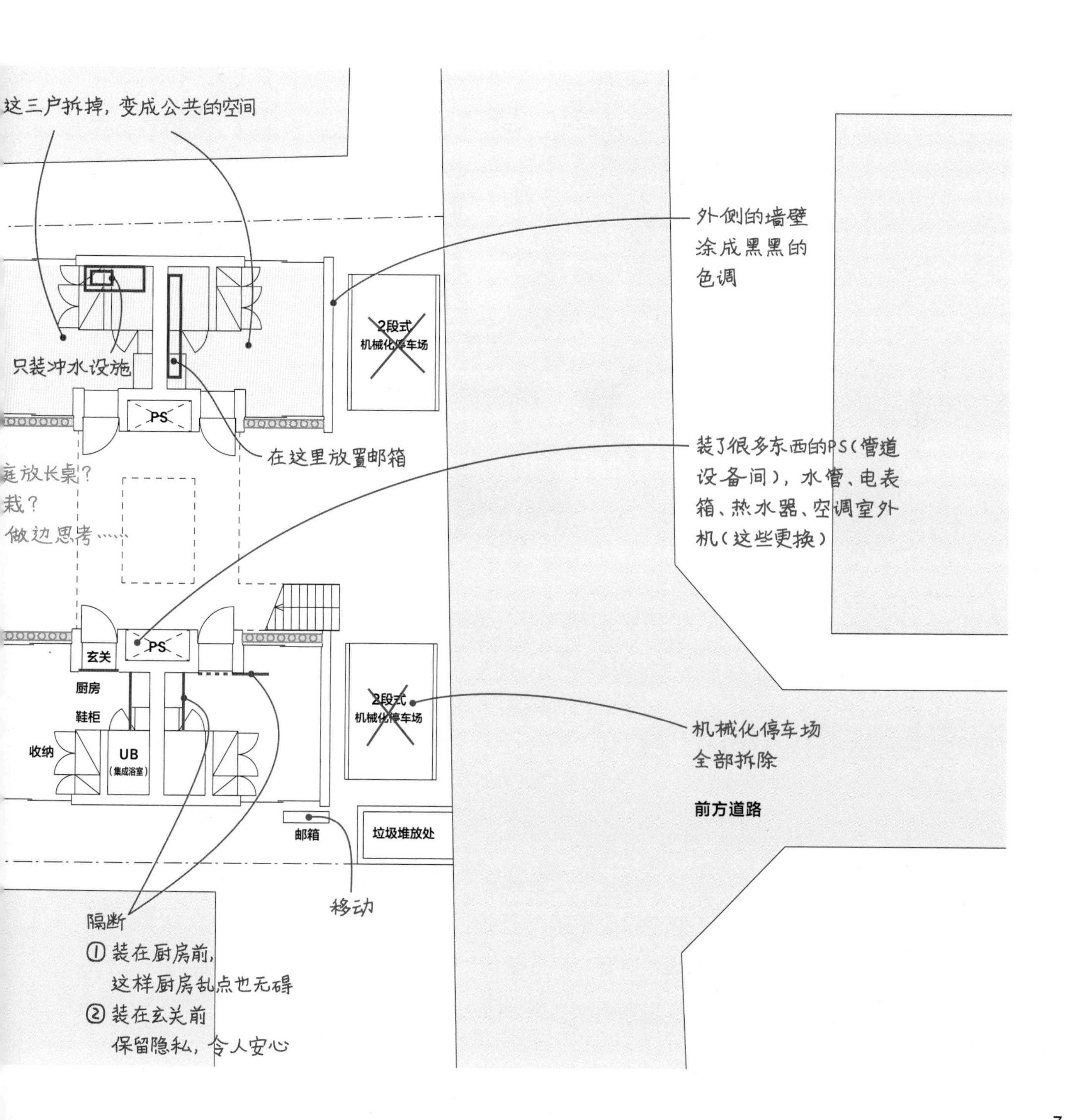
这三户拆掉，变成公共的空间
外侧的墙壁
涂成黑黑的
色调
2段式
机械化停车场
只装冲水设施
PS
在这里放置邮箱
装了很多东西的PS（管道
设备间），水管、电表
箱、热水器、空调室外
机（这些更换）
庭放长桌？
栽？
做边思考……
PS
玄关
厨房
鞋柜
收纳
UB
（集成浴室）
2段式
机械化停车场
机械化停车场
全部拆除
前方道路
邮箱
垃圾堆放处
移动
隔断
① 装在厨房前，
这样厨房乱点也无碍
② 装在玄关前
保留隐私，令人安心

民生社区

1966年建造的住宅区。这是一个以低层建筑为主的社区，名为“walkup”的阶梯式住宅楼栋配以完备的公园和道路网。当地常见的集合住宅形式为连栋型，而在这里，服务用的楼梯另设于楼后，更为合理。得益于近两年的居民运动（社区发展协会），后巷也打造得整洁优美。照片中的露台是由一层住户的前院改造的，本来与街道有一门相隔。在当地，通常是由前院进入客厅，这户人家将前院做成露台，一下子就有了工作室 + 店铺的感觉。（2007年7月）

This is the first floor of an apartment house in Taipei.
The front yard was repaired to become an open terrace.

街道与家相遇的地方

供大家一起使用的娱乐的空间，设置在了柯尔特的一层。对建筑物来说，一层是特别的。我造访过台北的一些旧的住宅楼，一楼的人家通常会附带一个小院。这些小院通常会用围栏封起来。但有一户人家把它做成了开放式的露台，仿佛在对行人说：“欢迎进来坐坐。”

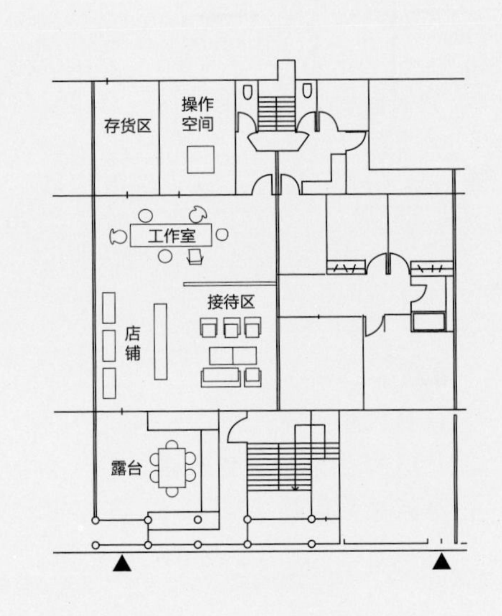

在曼谷的住宅区，住宅楼前会有一个深深的檐廊，有阿婆会悠闲地坐在檐廊里吃饭，仿佛露天咖啡厅，别有一番风味。

家的一层会成为街道的表情。

在很多国家，建筑的一楼叫作“ground floor”。这里是建筑与街道接触的地方，是特别的。对住宅而言，这里是街道与家相遇的地方。

The place where house and street meet
The arrangement of the first floor can itself be the face of the street. The ground floor is a meeting point for the house and the street.

In Bangkok, an old woman is having lunch comfortably in the large space under the eaves, which keeps off the sun.

曼谷的住宅区

位于曼谷中心的素坤逸街区很久以前就是住宅区。最近商铺、餐馆才渐渐多了起来，混杂其中。不过仍保留着独栋的住宅，绿意葱茏。

大家的房间

说到共用，大家住在一起，有哪些东西是可以共用的呢？比如，在江户时期的长屋，水井是共用的。大家到井边汲水、闲聊，这才有了“井户端会议”（井边会议）的说法。

那么作为生活必须的现代的“水井”又在哪里呢？邮箱、洗衣房和洗菜池（住户家的厨房很小）是否能成为这样的地方呢？把一楼的三户拆掉，改成三个房间，分别用于邮寄、洗衣和洗菜。让我们一起来看看里面的样子。

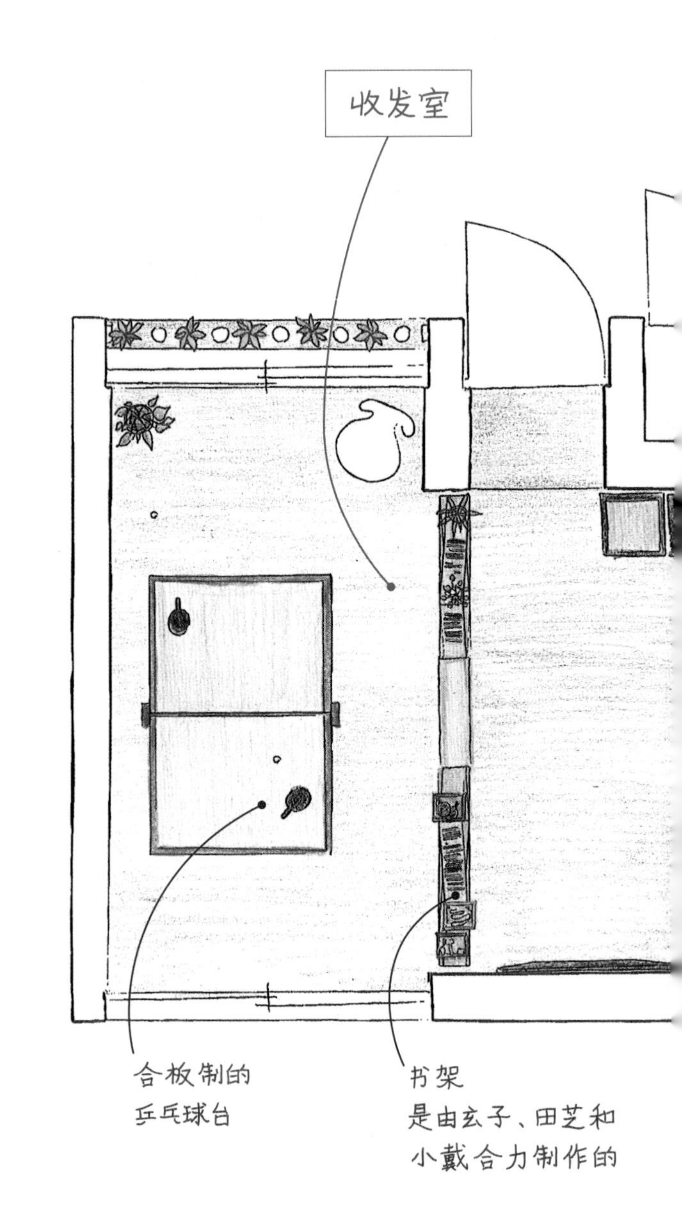

Everyone's Room **('A room for everyone' is also fine)**
What will a room for everyone be like? In what kind of room will people start talking automatically? In CORTE, we placed a mailbox, washing machines, and a kitchen in the three rooms respectively.

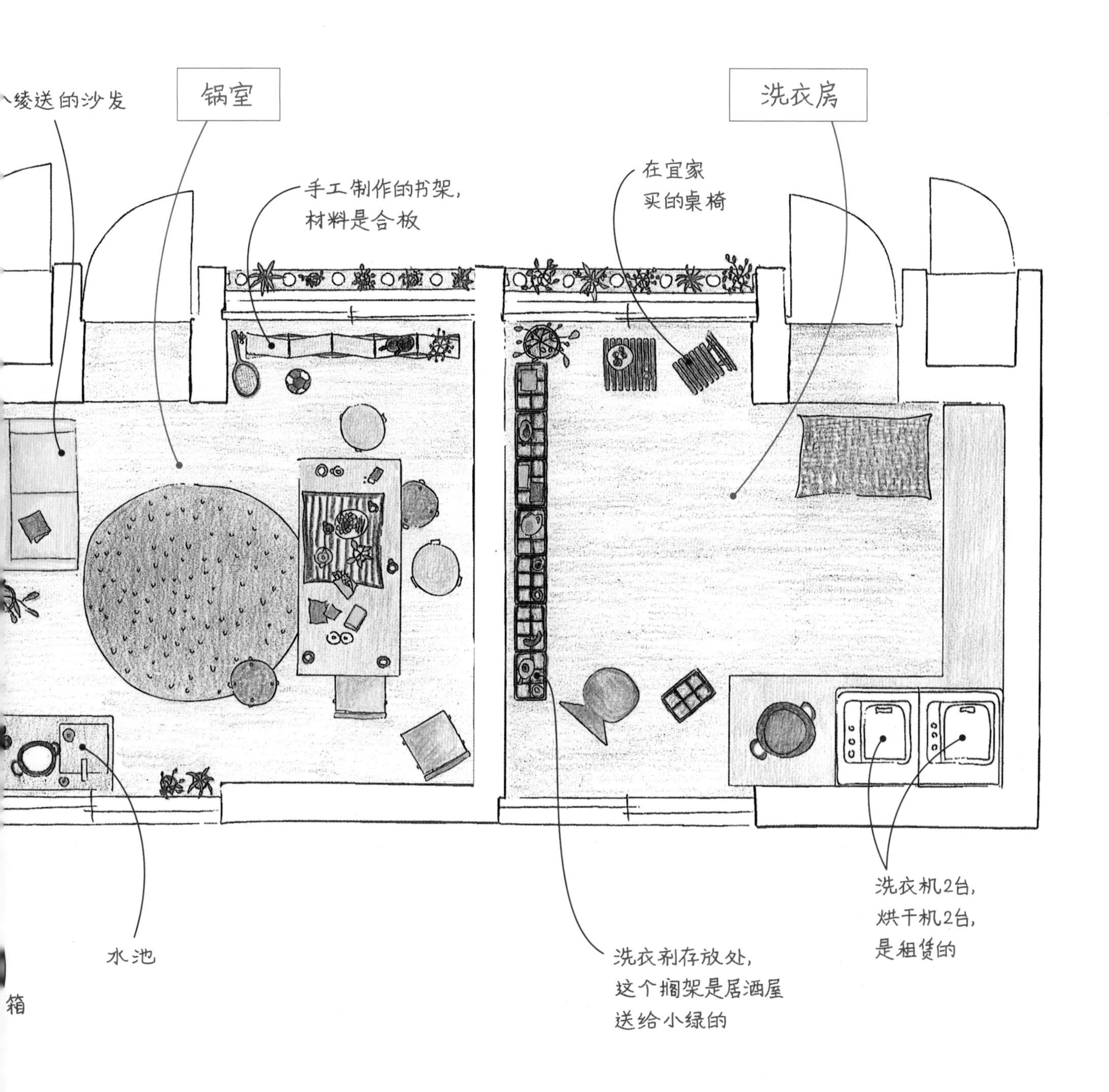

…绫送的沙发
锅室
洗衣房
手工制作的书架，
材料是合板
在宜家
买的桌椅
洗衣机2台，
烘干机2台，
是租赁的
水池
洗衣剂存放处，
这个搁架是居酒屋
送给小绿的
箱

收发室 →

把一楼与道路最近的房间改成收发室。打开信箱时的心情是兴奋的。在这里摆了桌椅，可以坐下闲适地开启手中的信函。

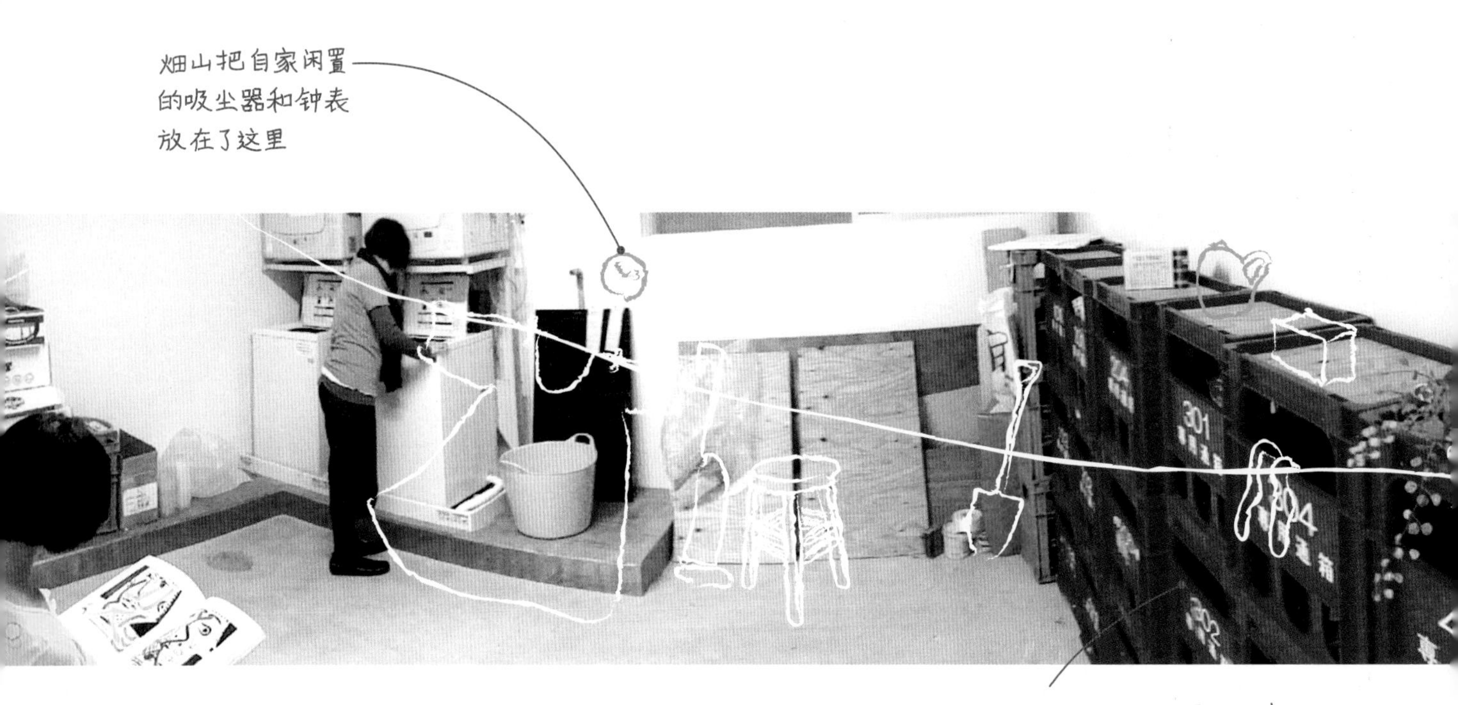

↑

洗衣室

在柯尔特，每个住户的家里并没有摆洗衣机的地方，因为房间太小了。所以，不如在公共空间摆洗衣机和烘干机，让大家共用。

Nabe (one-pot cooking) **Room**
This is a room big enough for four to five people to sit around and enjoy a one-pot meal. It has a kitchen, chairs and a table.

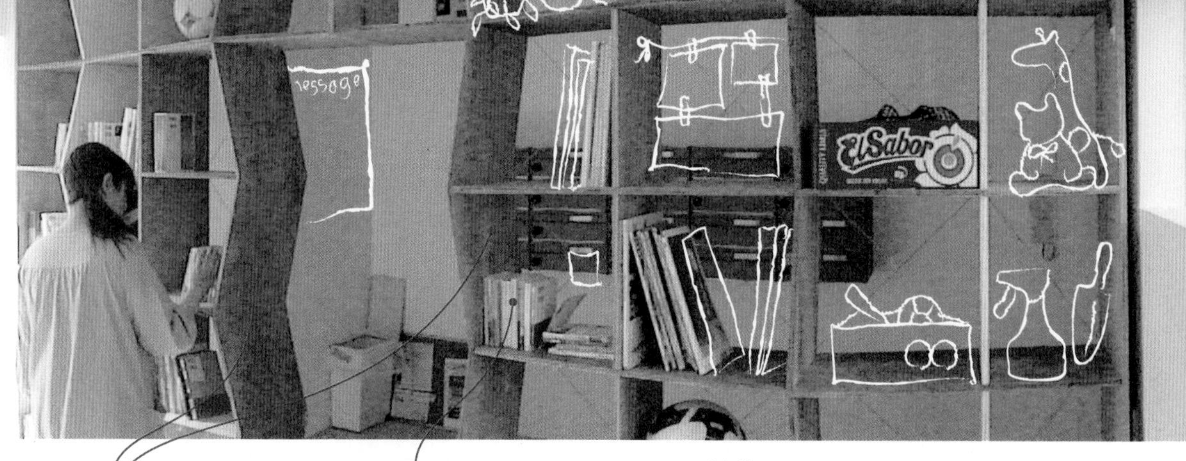

用板材做出了
弯弯曲曲的书架

读过的杂志、不需要
的文库本放在这里与
大家分享

Mailroom
This is a room for letterboxes. There is also a bookshelf for residents to bring in their books and magazines to be shared.

Laundry
Common laundry. Residents can keep their washing powder on the Sake rack. There are also chairs to sit on and read magazines.

锅室

这个房间里有洗菜池。四五个人相聚在此吃火锅正合适。当然，这个房间也可以灵活用于其他功能。

投入硬币开启空调

聚集的景色

我要让柯尔特的中庭不再寂寥。我希望能在中庭里看到各家各户生活的表情碰撞交汇却不杂乱。我曾造访的曼谷的彛铃社区便是如此。

This is a housing complex in Dim Daeng, Bangkok. The brise-soleil on the façade is full of little things and looks like display shelves.

Collected scenery

I wanted to do something about CORTE's lonely-looking courtyard. Then I thought about the two scenes I had seen in Asia. In both, the residents were taking part in making the face of their building, creating a feeling of "collected scenery," and I really liked that.

彛铃社区

位于曼谷北部，是伴随都市化进程而向外扩张出的贫民区。20 世纪 60 年代起，在政府清理贫民区的政策下开始建设集合住宅小区，后纳入 NHA（国家房屋署）管理，现规模达到 9 000 户。当初这里的住宅是为低收入阶层建设的，但因为这里距离曼谷中心近，交通便捷，所以目前居住了各个阶层的人士。住宅楼的一层原为架空的柱廊，现在则开了各种店铺，餐馆、裁缝店、干洗店等，如同热闹的集市。上方的住宅是单边走廊的形式，走廊有遮阳的结构，缀着各种植物、布偶，斜旁有露台等，成为住户门前的一方生动的空间。（2006 年 11 月）

粪铃社区非常古老，集合住宅单面走廊下的遮阳结构令人印象深刻。盆栽、玩偶、晾晒的衣物，各种物件都放置在这里，在齐整的遮阳结构的映衬下，自成一幅别有趣味的画。观察这些物件可以发现，这户人家有孩子，这户人家爱兰花，仿佛窥见了他们的生活。

在越南胡志明市，我发现了一种带有彩色格子窗的集合住宅。我猜，这些格子窗起初可能是同一种颜色，年岁久了，便被住户涂成了各种颜色。

这两个地方，都体现了居民对建筑外貌的影响，创造出了一种“聚集的风景”，我很喜欢。

In an old multiple-family housing in Ho Chi-Minh, Vietnam, each door of the unit was painted in various colors by the residents.

胡志明市的集合住宅

一层是店铺，二层及以上是住户。入户门是面向走廊和街道的。建成年代可能是 20 世纪 70 年代或者更早。（2007 年 6 月）

花架

拆掉住户门前生锈的扶手，将四根沟槽状的钢板横向搭在窗前，在铁板上打了洞眼，用来插花盆。这样，我们就有了一个架子上的花园。不同的住户，一定会打造出各种不同的花园，创造出“融合的风景”。

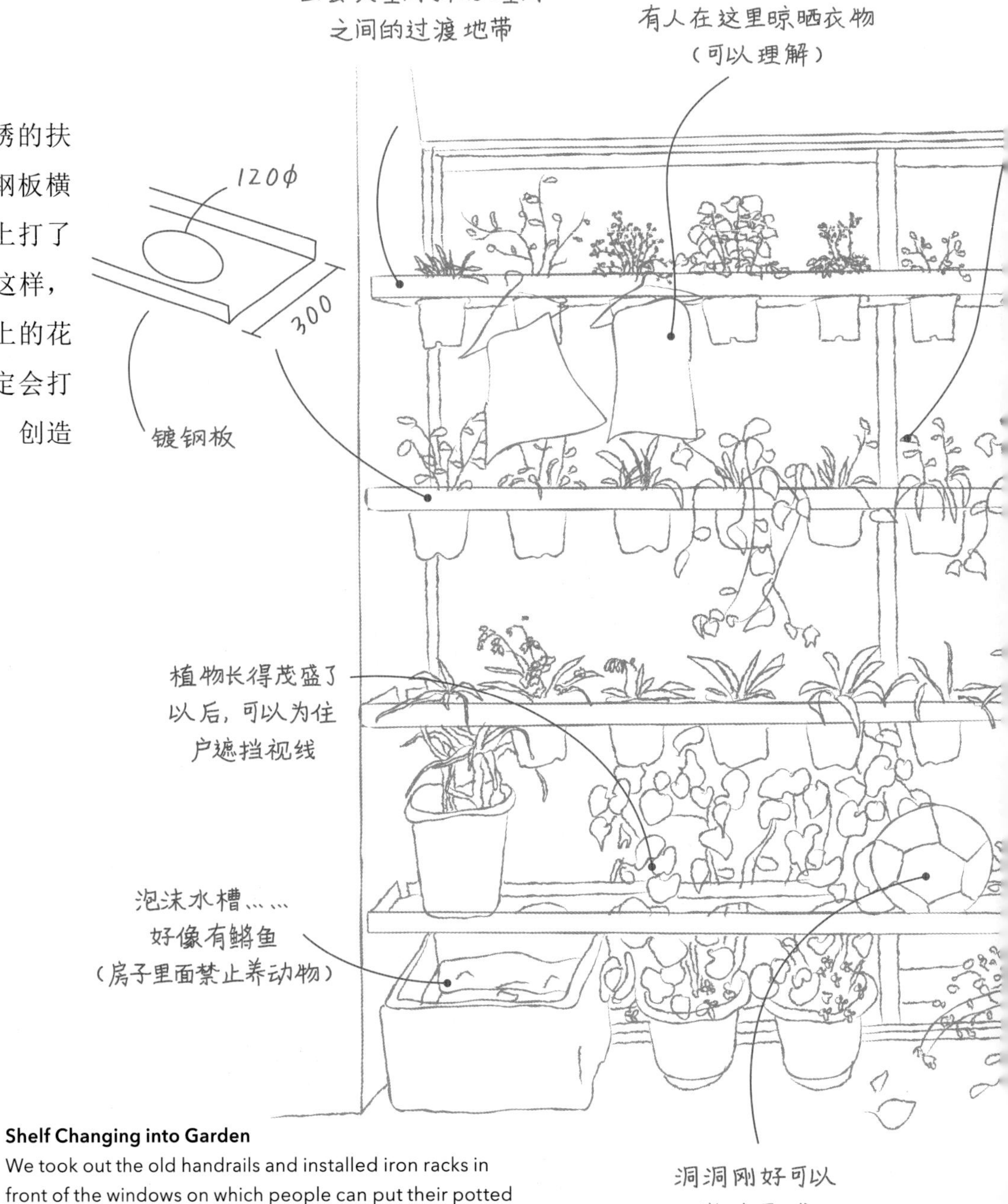

Shelf Changing into Garden

We took out the old handrails and installed iron racks in front of the windows on which people can put their potted plants. A new face of the building may be created by the residents.

我摆的30盆常春藤
全都枯掉了

第一个放上花盆的
是中国留学生

这里可以把架子拆除，
以方便搬家或避难

搁伞正好

在收发室门前摆上
有关锅室的公告

用万圣节的南瓜
作为季节性的装饰

ZZZ
暖洋洋的……
真惬意……

庭院咖啡

没过多久，花架上的植物变多了。赶紧在旁边摆上桌子和椅子。坐在这里喝咖啡，岂非乐事？

Café on the Yard

The number of the plants in the rack garden gradually got increased. If you place tables and chairs in front of it, a nice and cozy café can be set up.

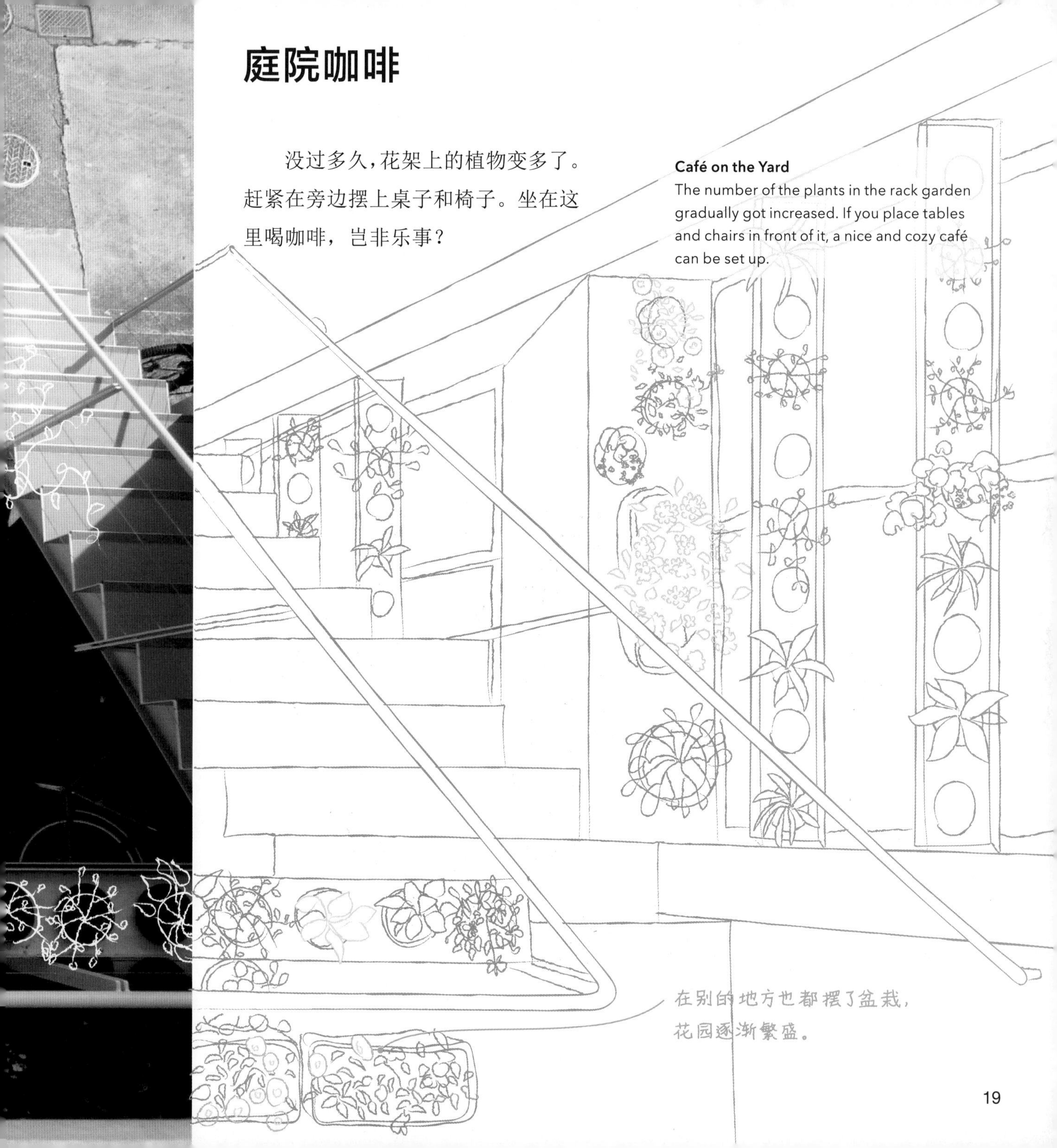

蓝天下的客厅

柯尔特的外墙重新粉刷过了。除了住户的门是橙色的以外，围绕中庭的墙壁全都刷成了白色；不面向中庭的墙壁，则刷成了灰色。这样，从外面走进来时，会令人感觉仿佛走进了另一个天地。

花架上摆了各种物件，令中庭看上去就像客厅一样，充满生活气息。

这是一个没有屋顶的蓝天下的客厅。

Open-Air Living Room
Apart from the doors, we painted the wall facing the courtyard completely white. With lots of original things on the rack garden, it creates a feeling of an open-air living room.

放上屏幕，
这里就是影院了

天气好的时候，
把锅室的家具
挪到庭院里

没有屋顶的屋子与没有墙壁的屋子

类似的景色，总感觉在哪里见过。

是啊，那不就是我曾经拜访过的北京胡同里的老宅子吗？

胡同里的空地上，摆了沙发、桌台，仿佛没有屋顶的客厅。

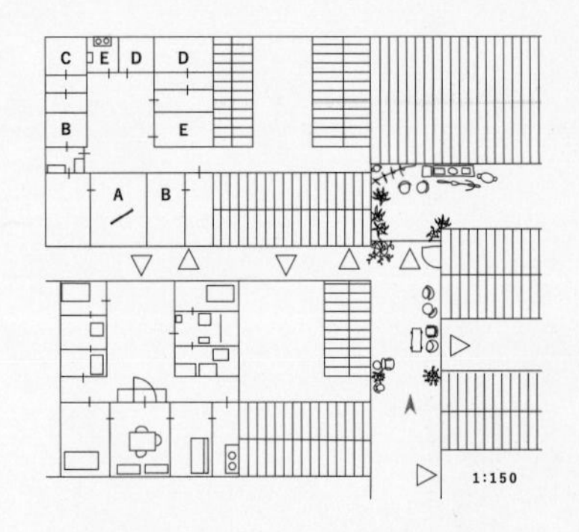

Roof-less room and Wall-less room
Room without roof, room without wall - they have a friendly atmosphere where anyone can drop by.

In Beijing, I saw some sofas and chairs being left in a lane.
It looked like a living room without a ceiling.

北京的胡同

所谓胡同，是“从道路引小巷进入，单位住户在其中平行分布的集合住宅”(《北京——阅读都市空间》阵内秀信、朱自煊、高村雅彦 编，鹿岛出版会)。这种住宅形式分布于在上海、天津等近代都市。不过我这里介绍的，是北京的胡同——1937 年由开发商建于北京王府附近空地上的“义达里”。胡同的特征在于，承袭了三合院、四合院等紧凑型中国传统住居样式，并保留了庭院。在这个胡同里，共有 36 户、11 种类型，翻译小林告诉我“这里曾是军官家庭”。上述《北京——阅读都市空间》一书中也有记录，这里的居住者多为一些身份特殊的人如军官、富贾或外国人，并且这里配备了专用浴室、厕所等。如今，这里的居民构成已经变了。然而，居住空间再小，也要守住院子，这种对外部空间的热爱和执着，已经渗透到了街边。

Bower at a Housing Complex, near Taipei
Everyone brings in their own chairs to chat and work a bit.
It is a kind of multi-purpose room without walls.

另外还想介绍一个地方。

我在台北郊外的社区公园里，看见了一个非常不可思议的亭子。

附近的居民搬来椅子，把这里当成聚会的地方。甚至还有人搬来桌子，把这里当成书房办公。简直就是一个没有墙壁的多功能室。

没有屋顶的屋子，没有墙壁的屋子，更容易让大家分享。

台北

当地有一类公营保障住宅，是从 1976 年至 1994 年为老百姓建造的。万芳集合住宅位于台北市南端，自 1978 年起分两期施工，1983 年起开始入住。其中 18 栋为 5 层（180 户），17 栋为 7 层（595 栋），6 栋为 12 层（432 户），共 1207 户。住宅楼之间有宽敞的户外活动空间，照片显示的是公园一角的亭子。现在，当地已不再供给此类住宅，但是，它对后来的集合住宅产生了很大的影响。

筱原研究室的留学生住在这附近，所以他向我介绍了这个有趣的亭子。对这类公营保障住宅来说，在漫长的岁月中，人和建筑都成了场所重要的组成部分。

17㎡的家

柯尔特改造好后，住进了各种各样的人。让我们一起去访问一下三个住户。

地方虽小，但大家都用自己的方式过得有声有色。17 ㎡也是家。

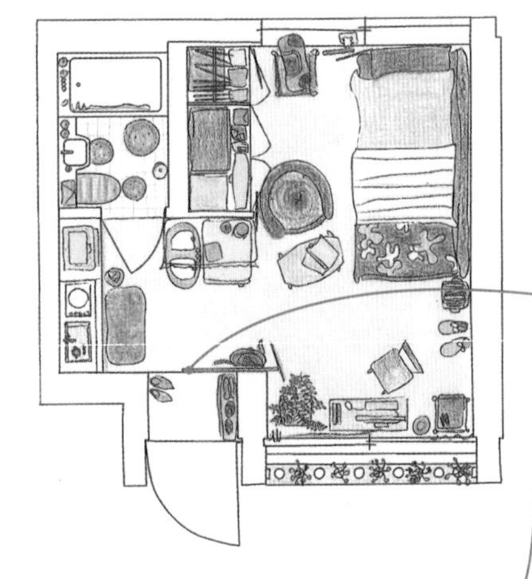

树里（30岁 · 服装销售）的屋子

蓝色的隔断上有挂钩，可以收纳包包

把壁橱的门拆掉，改成视听柜！（门到哪里去了呢？）

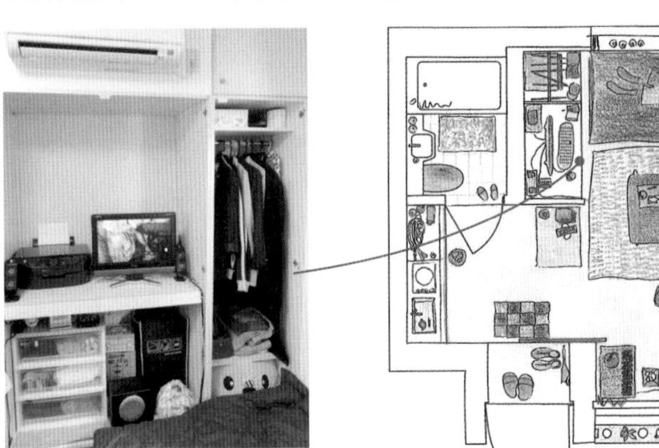

在一室户里，床就是沙发

朋友经常来

House in 17m²
There are various kinds of people living in CORTE. Each room has only 17m², but still they are all individual houses for their own.

小步（22岁·学生）的屋子

迷你厨房，稍微拾掇一下，
也能做出美味佳肴。

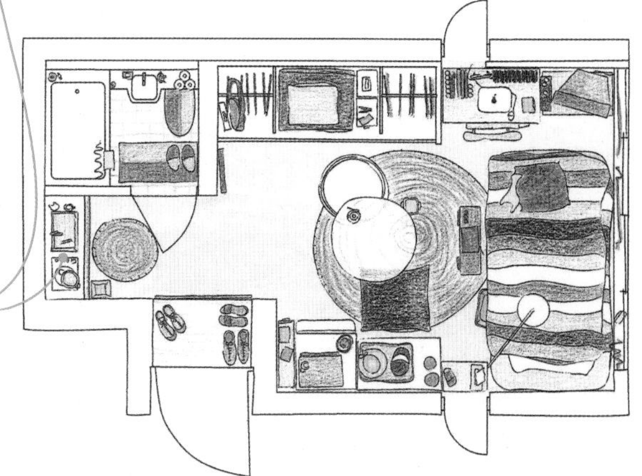

原君（24岁·学生）

与房门同色的时钟，太讲究了！

畑山大叔与裕子女士的画廊

一个叫裕子的女士提出申请，说想在锅室开个人画展。向裕子女士提出这个建议的是畑山大叔。

畑山大叔在柯尔特当了好几年的保洁，他似乎非常喜欢柯尔特。即便当柯尔特楼梯生锈、墙壁掉色、“失魂落魄”的时候，他也不离不弃，把柯尔特打扫得干干净净。柯尔特一天天地变好，畑山大叔也是看在眼里，乐在心头的。

于是，为期一个月的时间里，锅室变成了裕子女士的画廊。

《Across the universe》
这幅画卖掉了。

Gallery for Mr. Hatayama and Yuko

Mr. Hatayama has long been in charge of cleaning at CORTE. He loves CORTE and enjoys the way this building changes its face bit by bit. One day, through the introduction of Mr. Hatayama, Yuko came to CORTE and asked if she could hold an exhibition in the Nabe Room. The room turned into a gallery for one month.

灰浆地面还真的挺有画廊的味道

烛光下的音乐会

裕子女士个展的最后一天，柯尔特里举行了派对和小型音乐会。花架上摆了许多闪闪的烛台，把中庭装点成了一个梦幻的空间。民族乐器演奏者一边敲击着怀中的太鼓，一边舞蹈，从楼梯上慢慢走下。中庭仿佛变成了一个小剧场。

最初我还在想，是在这里种上大树，还是摆上长桌。现在看来，目前这样就挺好的。

在不同的时候发挥不同的用途，这样的庭院也不错。

Concert in the Light

On the last day of Yuko's exhibition, a party and a mini concert were held in the courtyard. The whole space turned into a theater. Perhaps I will keep CORTE's yard as it is for a while. It will be interesting if this place can be used differently each time.

一个人 + 一个人 + 一个人

离开家人生活的一个人，失去家人的一个人，选择一个人的一个人，在柯尔特，住着各种各样的人，大家都是一个人。所以，“一个人的家”的首要任务，就是让每个个体过上舒适的生活。然而，这个家却也并不是个体生活的简单集合，而是要通过集合创造出另一番价值。为此，我为那些日常琐碎的行为，譬如收发信件、洗衣、养花等这些可以在公共场合进行的行为，创造出了舒适惬意的空间。

“一个人的家”已经超越了我的想象，许多有趣的事情在这里发生。有空的时候，欢迎你来这里看看。

At "Ohitori House," you are given a little more space for picking up mail, laundering or growing plants - all small daily activities, and yet you can share the place with someone else.

I hope that each resident from different backgrounds can lead their comfortable single life here, and enjoy living with other people as well.

解说

与筱原聪子对谈

田中元子

为住宅赋予性格

想尝试一个人住吗?

为什么有越来越多的日本成年人选择与家人分开，一个人住了呢？以前，人们为了在大城市里工作或学习，不得不离开老家，一个人生活。他们大多住在公司宿舍、学生宿舍里。这些宿舍往往配备了食堂，或者有宿舍管理员为居住者提供服务。在这里，虽然是自己一个人居住，但事先就已经配备好了集体共同使用的场所，居住其中也是要与人打交道的。更久之前——比如书里提到的长屋，在长屋生活，需要与他人共用巷子、水井，从而必然会产生人与人之间的交往。

如今，很多独居者都是住在公寓高楼之中，这类住宅虽然被称作“集合住宅”，但其实只是把一个个单独的居室汇总在一起，并没有为人与人之间的交往做出任何考量。居住以外的任何其他功能，在这样的住宅中都被抹除了。这里面的原因有很多，例如，要争取在有限的居住空间里尽可能容纳更多的人，这样才能符合开发商、设计者们“经济、合理”的理念。然而随着时间的推移，人们逐渐摸索出了更加符合日本需求的集合住宅，其中的一大潮流就体现在本书所描绘的柯尔特的改造经历中。筱原聪子在改造自己的作品柯尔特之前，前往世界各地，广泛调研了各种集合住宅的形式，以建筑家的视角来思考什么是“聚在一起住”，最终将柯尔特改造成一处富有魅力的宜居之地。

公与私的中间地带“common space”（共有空间）

在对集体住宅进行调研的过程中，筱原关注到一种叫作“共有空间”的场所。“共有空间”是供大家使用的场所，也是与他人发生联系的空间，然而相较食堂、水井这样的功能性场所，这种“共有空间”的目的性更弱。例如，集体住宅的一层、入口部分、中庭，以及阳台、窗沿等虽然外人不能进入，却也能为建筑外貌添彩的部分，都可以说是所有居民共同享有的。集体住宅既是“大家的家”，也是每个个体的“我的家”。这两种观念混杂在一起的场所就是“共有空间”。本书黄色的页面中介绍了筱原造访的亚洲各地的“共有空间”的情况。人们自由发挥对空间的使用方式，可谓妙趣横生。不过，如果突然给你这么一块地方，你会怎么使用呢？即使可以自由发挥，大多数人恐怕还是会有点彷徨。太随意了怕招人厌，反过来说，别人太随意了自己心里也会不痛快。在种种顾虑之下，可以自由使用的场所最终也变成了谁都不用的场所。在集合住宅以外也有这样的地方。书中介绍的这些富有魅力的“共有空间”，表面看起来是自由散漫的，其实都有各自的秩序和看不见的规则存在其中。

为了更好生活的“问题”设计

规则这个词，总给人一种约束压抑之感。但是，规则本身并不是压抑的东西，不同的制定方式和内容会让规则的意义产生巨大的变化。“共有空间”里的弹性守则，并不是从上到下硬性规定的，而是人们在一点点探寻互惠互利的生活状态的过程中逐渐形成的。譬如，一个风和日丽、适合读书的日子里，我们把自家椅子搬到“共有空间”，想找个地方读书。把椅子放在哪里好呢？放在道路中间肯定不合适。通过这样的行为，我们在告诉别人，“我是想这样生活的人”，然后观察周围人是怎样的反应。在这种发出信号和观察反复累积的过程中，个人对共有空间的使用方式便会逐渐成型。人的性格是多种多样的，有害羞的人，也有积极的人，同时我们也都知道，不经历足够的时间，是不可能真正地了解一个人的。还有，每个人都是不同的。而每个人一开始并不能说明白自己到底是怎样的人、想要怎样的生活。在每天的日常生活中展示出来，比开会来得更加真实。规则也可以灵活地根据场合不断更新。

当然，在原本空无一物的公共空间突然放一把椅子，或许是显得有点冒失。但如果预先放置一些杂志、桌子等，就会激发居住者对空间的使用的欲望。筱原注意到了这一点，在新的柯尔特里，她制造出并非空无一物、布置得恰到好处的“共有空间”。筱原曾说：“没有任何问题的场所，就是没有契机、没有社群的场所。设计并不是让问题消失，而恰恰是让问题产生。”出现问题并不一定就是坏事，即使养个植物也可能产生问题。太阳光照射够不够？有人记得浇水吗？开出了美丽的花之后怎么办呢？赏花爱花也是与各种问题交织的。重新栽种、为迎接下一个花期而细心照料，这都是为了获取快乐所必不可少的一个阶段。

对今后的“聚在一起住”的设想

住在集合住宅，与邻居打交道，要说完全没有麻烦事儿也是不可能的。然而，相较而言，家门外与自家一点儿不沾边，与在共有空间里也多少可以感受到家的氛围的，哪种更好呢？最起码，付出同样多的房租，在自家屋外也有一定的场所可以利用，这会让人感觉更划算。让公共空间和私人空间都能充分发挥各自的机能，并不仅仅与经济账有关，更是与日本住居生活的未来有关。

现如今，日本的人口呈逐渐下降趋势，但户数却在增加，也就是说独居者的数量在增多。大都市的城市功能集中，老龄化、独身主义的人群不断上升，生活观念逐步多样化等，这些都构成了独居者增加的时代背景。有主动选择的，也有迫不得已的；时而有点小兴奋，时而有点小悲伤。今天也有人要在集合住宅开启一个人的生活。大街上的那些集合住宅，明明住着许多人，却面无表情、了无生趣。在这其中，新的柯尔特仿佛一个特立独行的坏小子喊了一句：“哈，有我在这儿，还怕无聊吗？”

筱原聪子（SATOKO SHINOHARA）

1958 年生于千叶县东金市。毕业于日本女子大学研究生院后，在环境造型研究所（现香山寿夫建筑研究所）工作，于 1986 年创立空间研究所。设计作品包括大阪府营 NAGISA 住宅、Nouvelle 赤羽（赤羽台小区改建）等多个集体住宅。自 1997 年起执教于日本女子大学居住学科，自此以集合住宅、小区为对象进行了多次田野调查。近年来，频繁往来于东南亚、东亚的老旧住宅区。著作有《变化的家庭和变化的住所》（合著，彰国社）、《读懂住居的境界：人、场、建筑的田野笔记》（彰国社）。现为日本女子大学教授。

田中元子（MOTOKO TANAKA）

撰稿人、创意活动促进者。1975 年生于日本茨城县。自学建筑设计。1999 年，作为主创之一，策划同润会青山公寓再生项目“Do+project”。该建筑位于东京表参道。2004 年与人合作创立“mosaki”，从事建筑相关书刊的制作，以及相关活动的策划。工作之余开设“建筑之形的身体表达”工作坊，提倡边运动身体边学习建筑，并将相关活动整理出版为《建筑体操》一书（合著， 由 X-Knowledge 出版社 2011 年出版）。2013 年，获得日本建筑学会教育奖（教育贡献）。在杂志《Mrs.》上发表连载文章《妻女眼中的建筑师实验住宅》(2009 年至今，文化出版局出版) 等。http://mosaki.com/

后　记

我得承认，集合住宅柯尔特是个失败的作品。

那个时候我认为，关注一室户公寓，这个视点本身是非常好的。

将来，“一个人”的家、不以家人为前提的家还会不断增多，对此建筑师提出自己的见解，这是非常有意义的。

我的失败在于对人在场所里会如何行动缺乏想象力。

我以为，让建筑面对面，就可以让人面对面。却没想到，只让建筑面对面，会让人们背转身去。

说是没想到，可能是我认为没有必要去想。

这四五年，我看过、走过许多亚洲老旧的集合住宅区，时常会遇见令我心潮澎湃的景色。这不单是因为建筑有趣，也不单是因为居民生活的姿态有趣，更是因为两者的关系有趣吧，我想。

建筑师设计的房子，在居住者的手中将经历另一轮“设计”，这是一种良好的互动。

我期待，柯尔特作为“一个人的家”，将来能在居民们的共同设计下，变成一个更加有趣、快乐的地方。

当然，我也会该出手时就出手，尽到自己的责任，一直守护着柯尔特。

一个人住，与大家一起住，宁静地生活，热闹地生活。这些截然相反的需求，如何能在“一个人的家”同时得到满足，或许我能从柯尔特中得到启示。

北京市版权局著作权合同登记号　图字：01-2018-3288

おひとりハウス / Ohitori-house
著者：篠原聡子
プロジェクト・ディレクター：真壁智治
解説・建築家紹介：田中元子 [mosaki]

Originally published in Japan by Heibonsha Limited, Publishers, Tokyo
Chinese (in Simplified Chinese character only) translation rights arranged with
Heibonsha Limited, Publishers, Japan
through Japan UNI Agency, Inc., Japan

图书在版编目（CIP）数据

一个人的家 /（日）筱原聪子著；一文译. — 北京:清华大学出版社, 2019
（吃饭睡觉居住的地方：家的故事）
ISBN 978-7-302-53646-8

Ⅰ. ①一…　Ⅱ. ①筱…　②一…　Ⅲ. ①住宅－建筑设计－青少年读物　Ⅳ. ①TU241-49

中国版本图书馆CIP数据核字（2019）第186667号

责任编辑：冯　乐
装帧设计：谢晓翠
责任校对：王荣静
责任印制：杨　艳

出版发行：清华大学出版社
网　址：http://www.tup.com.cn,　http://www.wqbook.com
地　址：北京清华大学学研大厦A座　邮　编：100084
社总机：010-62770175　邮　购：010-62786544
投稿与读者服务：010-62776969, c-service@tup.tsinghua.edu.cn
质量反馈：010-62772015, zhiliang@tup.tsinghua.edu.cn
印装者：小森印刷（北京）有限公司
经　销：全国新华书店
开　本：210mm × 210mm　印　张：2　字　数：40千字
版　次：2019年10月第1版　印　次：2019年10月第1次印刷
定　价：59.00 元

产品编号：069969-01